DE

L'ÆGILOPS TRITICOÏDES

ET DE SES DIFFÉRENTES FORMES,

PAR M. D. A. GODRON,

Doyen de la Faculté des Sciences de Nancy.

Res, non verba.

NANCY,

GRIMBLOT ET VEUVE RAYBOIS, IMPRIMEURS-LIBRAIRES,
Place Stanislas, 7, et rue Saint-Dizier, 125.

1856.

DE

L'ÆGILOPS TRITICOÏDES

ET DE SES DIFFÉRENTES FORMES,

PAR M. D. A. GODRON,

Doyen de la Faculté des Sciences de Nancy.

Res, non verba.

NANCY,

GRIMBLOT ET VEUVE RAYBOIS, IMPRIMEURS-LIBRAIRES,

Place Stanislas, 7, et rue Saint-Dizier, 125.

1856.

(Extrait des Mémoires de l'Académie de Stanislas.)

Nancy, imprimerie de veuve Raybois et comp.

DE

L'ÆGILOPS TRITICOÏDES

ET DE SES DIFFÉRENTES FORMES.

Res, non verba.

Lorsque MM. Fabre et Dunal annoncèrent que l'*Ægilops triticoïdes* naît d'un épi d'*Ægilops ovata,* en même temps que quelques graines du même épi reproduisent exactement cette dernière plante, un fait aussi inattendu fixa vivement l'attention, et la plupart des journaux de botanique, publiés en Europe et même en Amérique, s'occupèrent des questions importantes que soulève cette découverte. Le talent d'observation bien connu de M. Fabre, l'autorité scientifique de M. le professeur Dunal, permettaient difficilement d'admettre qu'il y ait eu erreur d'observation à l'occasion d'un fait aussi facile à vérifier.

Cependant deux botanistes éminents, qui l'un ni l'autre n'ont constaté, par eux-mêmes, dans les campagnes du Languedoc et de la Provence, les assertions émises, accueillirent d'une manière bien différente le mémoire de MM. Dunal et Fabre.

M. le docteur Lindley, en Angleterre, n'élevant aucun doute sur la réalité des faits, admit également les conclusions que ces deux observateurs en avaient déduites, brûla ce qu'il avait adoré et accepta la doctrine de la variabilité des espèces. La publication de mon mémoire sur la fécondation des *Ægilops* par les *Triticum* (1), ne modifia en rien ses convictions nouvelles et il y persistera, assure-t-il, jusqu'à ce que j'aie fait connaître l'origine du blé. Mais, comme l'a fait observer avec beaucoup de raison M. Asa Gray (2), dans un journal américain, j'ai eu pour but, non pas de découvrir l'origine du blé, mais celle de l'*Ægilops triticoïdes*.

M. Jordan, en France, dans un mémoire (3) publié en 1853, a tout simplement nié le fait principal, observé par MM. Dunal et Fabre. J'en fus d'autant plus surpris que, consulté préalablement, je lui avais affirmé qu'après un assez grand nombre d'observations faites aux environs d'Agde et de Montpellier, j'étais resté parfaitement convaincu que l'*Ægilops triticoïdes* naît de l'*Ægilops ovata*. Etait-ce de ma part le résultat d'idées préconçues, qui

---

(1) *Annales des Sciences naturelles*, part. bot. série 4, t. II, p. 215 ; et *Mémoires de l'Académie de Stanislas*, 1854, p. 431.

(2) *The american Journal of Science and Arts*, 2e série, t. XX, p. 134.

(3) *De l'origine des diverses variétés ou espèces d'arbres fruitiers, etc.*, p. 70.

m'auraient aveuglé au point de voir ce qui n'existe pas? Mais ce fait choquait tout aussi fortement mes convictions bien connues (1) sur l'immutabilité des espèces sauvages, que celles de M. Jordan. Cependant j'ai dû le reconnaître comme incontestable, et mon premier soin a été d'étudier les circonstances dans lesquelles il se produit. Ce sont lès faits que j'ai observés et que j'ai indiqués avec détail dans deux mémoires successifs (2), qui m'ont mis sur la voie pour reconnaître l'origine hybride de l'*Ægilops triticoïdes*. Une simple hypothèse n'a pas été, comme on le voit, mon point de départ; et quand bien même il en eût été ainsi, on ne pourrait s'en faire une arme contre moi, alors que cette hypothèse est confirmée par l'expérimentation directe. L'hypothèse n'a-t-elle pas été l'origine d'un certain nombre de découvertes scientifiques importantes? Dans la question qui nous occupe, deux suppositions seulement étaient possibles : il fallait reconnaître, comme l'ont fait MM. Dunal et Lindley, la

---

(1) Voir mon mémoire intitulé : *De l'espèce et des races dans les êtres organisés*. In-8°, 1848. — Nous nous occupons actuellement d'un ouvrage bien plus étendu sur ce sujet important. Aussi nous bornerons-nous ici aux questions qui se rattachent directement à l'*Ægilops triticoïdes*. Nous ne suivrons pas dès lors M. Jordan dans les considérations générales qu'il émet sur l'espèce, sur les races, sur les hybrides.

(2) *Quelques notes sur la Flore de Montpellier*, p. 12 et 13; *De la fécondation des Ægilops par les Triticum* (*Ann. des sciences naturelles*, série 4, t. II, p. 218 et 219).

variabilité des espèces sauvages, ou admettre que les différences si saillantes qui distinguent l'*Ægilops triticoïdes* de l'*Ægilops ovata,* sont dues à l'hybridité ; il n'y a pas d'autre alternative possible, et M. Jordan lui-même doit opter entre l'une ou l'autre, comme nous espérons le démontrer.

Mais je reviens au fait de deux *Ægilops* distincts, naissant d'un même épi d'*Ægilops ovata,* parce qu'il a une importance de premier ordre pour la solution de la question. Non content de l'avoir constaté dans les champs du Midi, je l'ai reproduit par la fécondation artificielle de l'*Ægilops ovata* par le *Triticum vulgare*. Mes épis d'*Ægilops*, fécondés partiellement par le blé, ont été plantés entiers et isolément dans des pots à Besançon. Je n'ai pas semé en même temps d'*Ægilops triticoïdes ;* je n'en avais pas à ma disposition ; il n'y a donc pu y avoir aucune erreur, aucun mélange de graines. J'ajouterai que peut-être aucun fait d'hybridation n'a été entouré d'autant de circonstances propres à en assurer l'authenticité. La Société d'Emulation du Doubs a pris un vif intérêt à ces expériences et a nommé une Commission, composée de naturalistes, qui a suivi la végétation de ces *Ægilops* et a fait à cette Société savante un rapport qui constate, d'une manière positive, les faits consignés dans mon mémoire sur la fécondation des *Ægilops* par les *Triticum*. Des exemplaires des différents produits obtenus ont été adressés à M. Adolphe Brongniart, qui les avait vus jeunes à Besançon, et ce savant distingué, qui s'est occupé avec tant de succès de la fécondation dans les végétaux, en les présentant à l'Institut, eut l'obligeance d'y faire un rapport verbal, dans lequel il considéra comme démontrée la nature hybride de l'*Ægilops triticoïdes.*

Or, il résulte avec la plus grande évidence de l'examen de ces produits : 1° que du même épi d'*Ægilops ovata* sont nés des pieds de cette plante et des pieds d'*Ægilops triticoïdes;* 2° que les épis d'*Ægilops ovata,* fécondés par le *Triticum vulgare barbatum,* ont donné naissance à l'*Ægilops triticoïdes* pourvu de longues barbes et tel que Requien l'a observé; 3° que de l'*Ægilops ovata,* fécondé par le blé sans barbes, est sorti un *Ægilops triticoïdes,* pourvu d'arêtes très-raccourcies. Or cette dernière forme, parfaitement distincte de la précédente, dont M. Jordan ne parle pas, est sauvage et même n'est pas extrêmement rare à Montpellier; elle est conforme aux échantillons que j'ai produits par la fécondation artificielle.

Ces faits si précis, si concluants à mes yeux, que, si on ne les admet pas, il faut aussi nier les expériences de Kœllreuter, de Gœrtner, etc., provoquent le doute et même l'incrédulité dans l'esprit de M. Jordan (1). Il était facile, cependant, à ce savant si laborieux de les vérifier, en répétant mes essais de fécondation artifi-

---

(1) *Mémoire sur l'Ægilops triticoïdes* (*Ann. des sciences nat.* 4e série, t. IV, p. 298 et 307).

cielle ; il se serait alors prononcé en toute connaissance de cause.

Suivant M. Jordan, l'*Ægilops triticoïdes,* soit qu'on le considère comme une hybride, et il doute encore qu'il en soit réellement une, soit qu'il n'ait pas cette origine, n'est qu'une simple déformation de l'*Ægilops ovata.*

Examinons d'abord la seconde supposition, nous reviendrons ensuite à la première.

Si l'*Ægilops triticoïdes* est une déformation de l'*Ægilops ovata,* sans intervention d'un pollen étranger, c'est là un fait très-grave pour les doctrines de M. Jordan, et pour celles de tous les botanistes qui admettent avec lui l'immutabilité absolue des espèces non-seulement sauvages, mais même des espèces cultivées. Examinons, en effet, les différences qui séparent l'*Ægilops ovata* de l'*Ægilops triticoïdes.* Sans parler des caractères tirés des organes de la végétation, l'épi a une forme générale bien tranchée dans chacune des deux plantes, à tel point que ce caractère seul suffit, au premier coup d'œil pour les distinguer et que personne vraisemblablement ne les a jamais confondues. La plante de Requien possède en outre des épillets bien plus nombreux. Les valves de la glume de l'*Ægilops ovata* sont régulièrement arrondies sur le dos et les nervures principales qui aboutissent au milieu de la base de chacune des arêtes sont à peu près égales entre elles, de telle sorte que chaque valve peut être divisée longitudinalement en deux moitiés sensiblement symétriques. Dans l'*Ægilops triticoïdes* au contraire, non-seulement les valves de la glume sont plus grandes, mais l'une des nervures latérales, la pénultième, prend un développement plus grand que les autres et forme une carène, prononcée surtout vers le haut, qui divise la valve en deux parties non symétriques ; cette carène est, il est vrai, moins saillante, que dans les vrais *Triticum*, mais elle est très-visible et on ne l'observe pas dans l'*Ægilops ovata*. Les arêtes de la glume sont au nombre de trois ou quatre sur chaque valve dans l'*Ægilops ovata*, et de plus elles sont étalées en dehors ; il n'en existe habituellement que deux dans l'*Ægilops triticoïdes* et constamment elles sont dressées. Il est vrai, qu'entre les deux arêtes de cette dernière plante, on voit habituellement une dent qui représente une arête avortée, mais cela n'est pas constant et cette dent manque quelquefois absolument dans les épillets inférieurs de l'*Ægilops triticoïdes,* ce qui l'éloigne bien plus encore de l'*Ægilops ovata;* nous reviendrons du reste sur ce dernier fait. Or, ces caractères distinctifs sont bien plus tranchés que ceux qui séparent l'*Ægilops triticoïdes* de l'*Ægilops speltæformis*. Cela est si évident que M. Jordan lui-même, dans son mémoire sur l'Origine des diverses variétés et espèces d'arbres fruitiers, considère l'*Ægilops triticoïdes* comme une espèce parfaitement distincte de l'*Ægilops ovata* (1), et qu'il confond l'*Ægilops triti-*

---

(1) Mémoire cité, p. 71 et 72.

coïdes avec l'*Ægilops speltæformis,* comme le prouve le passage suivant de cet opuscule que je cite textuellement : « Ainsi donc la plante, dont M. Fabre a semé les graines, est exactement l'*Ægilops triticoïdes* de Requien ; il a raison sur ce point ; mais celle qu'il a obtenue de ces graines et cultivée pendant douze ans, est encore exactement le même *Ægilops,* et il se trompe quand il croit y voir autre chose, ou même un changement notable de caractères. Nous avons comparé attentivement les échantillons cultivés et spontanés de sa plante..... et ils ne nous ont offert que des différences sans importance qui ne peuvent pas même constituer une variété (1), et sont analogues à celles que présente une plante quelconque dont on compare les individus venus dans un bon sol à ceux qui ont été pris dans un champ stérile. M. Fabre se trompe également quand il croit que son *Ægilops triticoïdes* sauvage est issu de l'*Ægilops ovata;* il n'a

(1) M. Jordan pense que les erreurs sur des points de fait ont souvent pour cause les doctrines ou idées théoriques, à l'impulsion desquelles l'observateur obéit dans ses travaux et qui le conduisent, même à son insu, à atténuer la valeur des faits contraires à sa théorie ou à s'exagérer les conséquences qui la favorisent. Nous allons plus loin et nous ajoutons que l'observateur, dominé par les idées préconçues, qu'il s'efforce de faire prévaloir, constate parfois, sur les mêmes objets, après examen attentif et avec la meilleure bonne foi du monde, des faits opposés à ceux qu'il a vus précédemment. Nous trouvons ici un exemple évident de ce que nous avançons.

aucune raison pour admettre que ce soit l'*Ægilops ovata* qui ait produit l'*Ægilops triticoïdes*, plutôt que ce dernier l'*ovata*. L'une et l'autre hypothèse est absurde sans doute, mais l'une n'est pas plus insoutenable que l'autre. » Ainsi s'exprimait M. Jordan en 1853 (1). Or la plante cultivée par M. Fabre, qui, il y a trois ans, ne constituait pas même une simple variété, est aujourd'hui une espèce légitime, c'est l'*Ægilops speltæformis*. Cette forme, M. Fabre l'avait donc très-bien distinguée, alors que M. Jordan ne l'avait pas reconnue. Mais si cette dernière plante est pour lui actuellement une espèce, comment peut-il considérer l'*Ægilops triticoïdes*, beaucoup mieux caractérisé, comme une simple déformation de l'*Ægilops ovata*, opinion que M. Jordan lui-même, en 1853, considérait comme une *énorme absurdité* (2); ce sont là ses propres expressions. Il s'agit ici de plantes du même genre, dans lesquelles les caractères tirés de la glume et de ses arêtes doivent avoir dans toutes la même valeur comme caractères spécifiques. Mais si M. Jordan se refuse à admettre que les différences si tranchées, si faciles à apprécier, qui séparent ces deux *Ægilops*, ne sont pas suffisantes pour les distinguer, que sera-ce donc d'une partie des autres espèces qu'il a établies sur des caractères appréciables

---

(1) *De l'origine des diverses variétés ou espèces d'arbres fruitiers, etc.*, p. 70.

(2) Ibidem, p. 64.

pour lui, mais qui échappent à d'autres observateurs (1)? Or, puisque M. Jordan considère maintenant à peine comme variété, l'*Ægilops triticoïdes,* reconnu, avant la découverte de M. Fabre, comme un type spécifique nettement caractérisé par les botanistes les plus scrupuleux en fait d'espèces végétales, il suit de là rigoureusement, que l'infatigable botaniste de Lyon non-seulement infirme complétement la valeur d'un grand nombre d'espèces qu'il a créées, mais encore qu'il reconnaît implicitement la variabilité des espèces, même sauvages.

Mais admettons, pour un moment, que l'*Ægilops triticoïdes* ne soit qu'une déformation de l'*Ægilops ovata,* comment M. Jordan expliquera-t-il ce fait qu'il affirme, d'une manière positive (2), que l'*Ægilops triticoïdes* croît quelquefois dans des lieux où ne se trouve pas l'*Ægilops ovata.* Cette dernière plante s'est donc déformée, même là où elle n'existe pas. C'est à lui qu'il appartient de concilier avec ses opinions nouvelles ce fait, que le premier il a signalé, et qui, à notre connaissance, n'a été revu par personne.

---

(1) En nous exprimant ainsi, nous n'avons pas l'intention de proscrire en bloc toutes les espèces nouvelles publiées par M. Jordan ; nous reconnaissons qu'il en a créé de très-solides ; mais pour d'autres nous ne sommes pas convaincu de leur légitimité.

(2) *De l'Origine des diverses variétés ou espèces d'arbres fruitiers,* p. 71.

Cette prétendue transformation de l'*Ægilops ovata* en *Ægilops triticoïdes* serait-elle le résultat de la stérilité de cette dernière plante?

Mais d'abord l'*Ægilops triticoïdes* est-il réellement toujours stérile? Pour admettre cette stérilité absolue, M. Jordan se fonde sur des faits négatifs assez vagues. Il serait cependant important de savoir si les tentatives faites dans les jardins d'Avignon et de Montpellier, pour le reproduire de graines, ont été fréquemment renouvelées, à quelle époque de l'année ces semis ont eu lieu et dans quelles circonstances. Car on sait que les *Ægilops* du midi de la France commencent à germer en automne. M. Jordan invoque le témoignage de M. Touchy, que je ne récuse pas, sur lequel je vais même m'appuyer. J'ai reçu de M. Touchy, en 1852, deux échantillons d'*Ægilops triticoïdes,* et je trouve sur l'étiquette l'indication suivante : « a paru dans un champ de millet en 1848 et s'est propagé dans le même champ jusqu'aujourd'hui »; c'est-à-dire, pendant quatre années. Or ces deux échantillons ont chacune des valves de la glume pourvue de deux arêtes courtes dans les épillets inférieurs, plus allongées dans les supérieures, avec une dent intermédiaire; c'est la forme *submutica* de l'*Ægilops triticoïdes*, dont nous avons parlé précédemment.

J'ai semé moi-même, en automne 1852, dans mon jardin, séparé des cultures de céréales par toute la longueur d'un faubourg de Montpellier, des graines de la même forme d'*Ægilops triticoïdes,* recueillies par moi aux environs de cette ville ; elles ont parfaitement germé, les pieds ont fleuri, mais ne m'ont donné aucune graine. Cette plante s'est néanmoins, comme on le voit, reproduite pendant une génération (1).

Il résulte, en outre, des expériences de M. Fabre que, pendant les premières années de ses semis, il n'a obtenu qu'un petit nombre de graines et que beaucoup de pieds, bien qu'appartenant à la deuxième et à la troisième génération, n'en ont pas fourni. Il s'agissait cependant là principalement de l'*Ægilops triticoïdes* et non pas de l'*Ægilops speltæformis,* puisque M. Fabre a pris soin de noter que la plupart des pieds des deux premières années de culture offraient deux barbes à chaque valve de la glume (2). Parmi eux, il en existait de fertiles et les semis ont pu continuer pendant plusieurs années.

S'il est exact de dire, que les pieds sauvages d'*Ægilops triticoïdes* produisent rarement des graines, ce qu'il est facile de constater, même dans les herbiers, les faits précédents prouvent néanmoins que cette plante en offre quelquefois, et qu'elle peut se propager pendant un assez grand nombre de générations. L'ensemble de ces faits ne présente rien de contraire aux doctrines,

---

(1) J'ai déjà cité ce fait dans mes *Quelques notes sur la Flore de Montpellier*, p. 14 et dans mon mémoire *sur la fécondation des Ægilops par les Triticum* (*Ann. sc. nat.* 4ᵉ série, t. II, p. 218).

(2) Fabre. *Des Ægylops du midi de la France et de leur transformation*, p. 11.

généralement professées sur l'hybridité ; ces faits les confirmeraient au contraire et c'est même là une des circonstances qui m'ont conduit à soupçonner la nature hybride de l'*Ægilops triticoïdes*.

Mais en admettant même cette stérilité, en résultera-t-il que l'*Ægilops ovata* se transformera en *Ægilops triticoïdes?* C'est là une simple supposition, en faveur de laquelle ne milite aucun fait connu, ni même aucune analogie. La canne à sucre qui, à la suite de sa reproduction par boutures continuée pendant de longues années, a perdu la faculté de produire des graines, nous offre-t-elle des fleurs et une panicule différentes de celles de la canne à sucre sauvage? Les *Phragmites* et tant d'autres Graminées, qui se propagent avec vigueur par drageons, sont le plus souvent stériles et ne présentent pas pour cela, dans leurs organes floraux, des transformations appréciables. Pourquoi en serait-il autrement de l'*Ægilops ovata?*

Mais il y a plus : comment expliquer, dans la supposition émise par M. Jordan, que l'*Ægilops ovata* sur les fleurs duquel on a versé un pollen étranger ou remplacé les étamines propres par des étamines de blé, produise dans la génération suivante, non-seulement des pieds d'*Ægilops triticoïdes*, mais deux modifications de cette plante, suivant que le pollen étranger, employé l'année précédente, appartient au blé barbu ou au blé sans barbes? C'est là cependant un résultat démontré par mes expériences.

Il est encore à noter que M. Jordan, qui s'est élevé, avec tant de force (1), contre l'opinion émise par MM. Dunal et Fabre, que le blé n'est qu'une transformation de l'*Ægilops ovata,* s'il admet définitivement la supposition que nous combattons, accepterait, par cela même, l'idée, que cette transformation de l'*Ægilops ovata* en blé, parcourt en réalité la moitié du chemin que lui ont assigné ces deux habiles observateurs.

La stérilité constante de l'*Ægilops triticoïdes,* si toutefois elle était démontrée, ce qui n'est pas, tant s'en faut, n'expliquerait donc pas l'origine des différences qui séparent cette plante de l'*Ægilops ovata.*

Examinons maintenant la seconde supposition de M. Jordan. Si l'on admet que la transformation de l'*Ægilops ovata* en *Ægilops triticoïdes* est le résultat de l'hybridité, ce que nous croyons avoir démontré, est-il vrai que cette dernière plante ne soit encore, comme il le pense, qu'une modification de l'*Ægilops ovata* et ne conserve rien du type paternel? La taille de l'*Ægilops* hybride, qui s'élève bien au-delà de celle qu'atteint l'*Ægilops ovata,* sa direction dressée, son aspect bien plus robuste même à l'état sauvage, la largeur de ses feuilles, la forme générale de son épi qui rappelle celle du blé et qui a mérité à cette plante le nom de *triticoïdes,* nom que M. Jordan trouve avec raison *fort heu-*

---

(1) *De l'origine des diverses variétés et espèces d'arbres fruitiers, etc.*, p. 61 et suivantes.

reusement choisi (1), la direction des arêtes et surtout cette carène, qui de l'arête principale descend à quelque distance du bord interne de la glume, ne sont-ils pas des caractères qui appartiennent au blé et nullement à l'*Ægilops ovata?* Il suit de là, que si l'*Ægilops triticoïdes* conserve quelques-uns des caractères du type maternel, ce que j'affirme, loin de le nier, il présente aussi des marques très-saillantes de son origine paternelle.

Mais l'argument, sur lequel insiste surtout M. Jordan, c'est que, malgré les modifications qu'a subies l'*Ægilops ovata* par l'hybridité, la production hybride ne cesserait pas pour cela d'appartenir au genre *Ægilops* (2).

Le genre *Ægilops* est un genre purement artificiel, conservé par tradition, par respect pour les travaux de nos devanciers, mais qui ne repose sur aucun caractère véritablement générique et qui, dans mon opinion du moins (3), ne peut être séparé des vrais *Triticum*.

M. Jordan distingue les deux groupes par les caractères suivants : 1° dans les *Ægilops*, l'épi, à la maturité, se détache de la tige ou se brise en tronçons ; les épillets ne sont pas contractés à la base, qui égale au moins la largeur

---

(1) *De l'origine des diverses variétés ou espèces d'arbres fruitiers*, p. 67.

(2) Ibidem, p. 72 ; *Mémoire sur l'Ægilops triticoïdes.* (*Ann. sc. n.* 4e série, t. IV, n. 311.)

(3) Aussi ai-je été conduit, dans la Flore de France, à réunir ces deux genres en un seul.

du rachis ; les valves des glumes sont arrondies sur le dos et pourvues de nervures nombreuses ; elles portent plusieurs arêtes ou des dents qui représentent des arêtes avortées ; 2° dans les *Triticum,* l'épi n'est pas cassant et ne se détache pas à la maturité ; les épillets sont contractés à leur base, qui est moins large que le rachis ; les valves des glumes sont carénées, les nervures peu nombreuses et l'arête unique (1).

A cette délimitation des deux genres, j'opposerai les faits suivants : L'*Ægilops speltæformis,* celui du moins qu'a obtenu M. Fabre après douze années de culture, n'a pas l'épi cassant à sa base et je suis certain de ce fait. Les épillets ne sont pas contractés inférieurement dans les *Triticum villosum P. de Beauv., hordeaceum Coss.,* et *bicorne Forsk.,* et cette base égale ou dépasse le rachis en largeur. Les *Ægilops triticoïdes* et *speltæformis* ont une carène sur les valves de la glume, moins saillante que dans les *Triticum,* mais occupant la même position. Les nervures sont nombreuses sur les valves de la glume du *Triticum Spelta.* Il n'y a qu'une seule dent représentant l'arête aux valves de la glume de l'*Ægilops speltoïdes Tausch* (qu'il ne faut pas confondre avec l'*Ægilops speltæformis Jord.*) et à partir de cette dent le sommet de ces valves est tronqué et s'arrondit sur les côtés ; le *Triticum monococcum L.* a ces organes terminés par deux dents

(1) *Mémoire sur l'Ægilops triticoïdes.* (*Ann. des sciences nat.,* 4e série. t. IV, p. 309 et 310.)

très-prononcées, auxquelles les nervures aboutissent, absolument comme cela a lieu dans les *Ægilops caudata L.*, *cylindrica Host* et *ventricosa Tausch*; enfin la présence d'une dent, représentant une seconde arête, n'est pas rare dans le *Triticum Spelta L.* et se voit aussi quelquefois dans les *Triticum vulgare Vill.*, *durum Desf.*, et *amyleum Sering*.

Ces caractères distinctifs n'ont donc rien de précis et quelques espèces ont dû être successivement placées du genre *Triticum* dans le genre *Ægilops* ou réciproquement, sans que jusqu'ici la question générique soit définitivement tranchée relativement à ces espèces : je puis citer par exemple les *Triticum bicorne Forsk.*, *Ægilops macrura* et *loliacea Jaub. et Spach*, etc. Il est contestable, du reste, que des caractères tirés d'un organe aussi peu important que la glume des Graminées, qui représente de simples bractées, soient de nature à constituer seuls des genres naturels. Les fruits au contraire qui, depuis Tournefort, ont été considérés comme fournissant des caractères génériques d'une haute valeur, ont été généralement trop négligés pour l'établissement des genres de la famille des Graminées. Or, les *Ægilops* et les *Triticum* ont les fruits semblables et ces organes importants les distinguent très-bien, par leur forme, des *Agropyrum*, *Lolium*, etc. J'ajouterai enfin que le fait d'hybridation entre les *Ægilops* et les *Triticum* vient confirmer la réunion de ces deux genres en un seul.

Si l'*Ægilops triticoïdes* a conservé quelques-uns des

caractères de l'*Ægilops ovata*, ce qui devait être, il n'en faut donc pas conclure qu'ils aient l'importance de caractères véritablement génériques et que notre hybride n'ait rien des caractères des *Triticum;* elle est, à nos yeux, parfaitement intermédiaire entre les deux espèces qui lui ont donné naissance.

Je me crois dès lors autorisé à maintenir les trois conclusions que j'ai déduites de mon mémoire sur la fécondation des *Ægilops* par les *Triticum*; ces conclusions sont les suivantes :

« 1° L'hybridité peut se produire spontanément dans les Graminées, et l'*Ægilops triticoïdes* est le premier exemple d'hybrides observé dans cette famille ;

» 2° Les *Ægilops* doivent être réunis génériquement aux *Triticum*, ce que confirme du reste la forme de leurs caryops, organe qui fournit dans la famille des Graminées des caractères génériques bien plus importants que la conformation des enveloppes florales ;

» 3° Les observations faites par M. Fabre sur l'*Ægilops triticoïdes*, ne prouvent en aucune façon que le blé cultivé ait pour origine l'*Ægilops ovata*, ni qu'une espèce puisse se transformer en une autre espèce. »

Ces conclusions expriment nettement ce que j'ai voulu démontrer dans mon mémoire sur la fécondation des *Ægilops* par les *Triticum*.

J'arrive maintenant à l'*Ægilops speltæformis*, qui n'est pour moi qu'un accessoire, un accident dans la question qui fait l'objet de mes travaux antérieurs sur l'*Ægilops triticoïdes*. Quelque opinion qu'on accepte sur la nouvelle espèce créée par M. Jordan, cette opinion n'infirmerait en rien les preuves sur lesquelles s'appuie l'origine hybride de l'*Ægilops triticoïdes,* question qui nous semble aujourd'hui hors de cause.

Suivant M. Jordan, j'ai confondu l'*Ægilops speltæformis* avec l'*Ægilops triticoïdes* (1) et aussi avec le *Triticum vulgare,* d'où il faudrait conclure d'après l'axiome : *quæ sunt eadem uni tertio, sunt eadem inter se,* que j'ai aussi confondu l'*Ægilops triticoïdes* avec le blé. C'est vouloir prouver trop. Je regrette de le dire, mais ces deux assertions sont l'une et l'autre parfaitement inexactes.

Et d'abord est-il question de l'*Ægilops speltæformis*, cultivé pendant douze années par M. Fabre et dont j'ai communiqué des échantillons à M. Jordan ? Voici ce que j'en ai dit dans mon dernier mémoire sur cette question : « La plante a pris peu à peu une taille plus élevée ; l'épi est devenu plus gros, il a cessé d'être cassant à sa base ; ses glumes ont perdu une des deux arêtes *qui distinguent l'Ægilops triticoïdes ;* en un mot cette plante a

(1) Si je m'étais rendu coupable de cette première erreur, ce qui n'est pas, M. Jordan aurait dû me traiter avec indulgence, puisqu'il en a plus besoin que moi sur ce fait ; car c'est à lui que revient cette confusion de deux formes végétales, comme le prouve le passage de son mémoire sur l'origine des arbres fruitiers que j'ai cité plus haut.

pris, *en partie du moins,* les caractères du blé » (1). Ce passage a sans doute échappé à M. Jordan ; aujourd'hui je n'ai rien à y ajouter, rien à en retrancher.

S'agit-il de l'*Ægilops speltæformis* sauvage? Ici la confusion n'était pas possible ni avec le blé, ni avec l'*Ægilops triticoïdes.* Je n'ai jamais vu cette plante à l'état sauvage, bien que j'aie recherché avec empressement les *Ægilops* qui croissent dans les environs d'Agde et de Montpellier.

De son côté, M. Jordan ne dit nulle part qu'il ait vu lui-même des échantillons d'*Ægilops speltæformis* sauvages ; il fait seulement remarquer, que M. Fabre dit l'avoir rencontré sauvage aux environs d'Agde, en la confondant dans cet état avec l'*Ægilops triticoïdes* (2). Je me permettrai de faire observer que M. Fabre affirme seulement, qu'il a recueilli de l'*Ægilops triticoïdes,* qui s'est reproduit avec deux barbes à chaque valve de la glume dans la plupart des échantillons, pendant les deux premières années de culture, et qui, dans les générations suivantes, n'en ont plus conservé qu'une seule. A moins de faits bien constatés, qui démontrent que M. Fabre s'est trompé et qu'il a confondu deux formes, qu'il a

---

(1) *De la fécondation des Ægilops par les Triticum* (*Annales des sciences naturelles*, 4e série, t. II, p. 21). Je n'ai donc pas considéré l'*Ægilops speltæformis* comme identique au blé, ce que M. Jordan affirme à tort à plusieurs reprises dans son mémoire.

(2) *Annales des sciences nat.*, 4e série, t. IV, p. 312.

cependant pris tant de soins de distinguer, faits que M. Jordan n'apporte pas dans la discussion, il n'y a jusqu'ici aucun motif de rejeter comme erronées les observations faites par un homme aussi exact et aussi intelligent (1). D'une autre part, la localité d'Agde, cette localité entourée d'une ceinture de vignes, où cet habile observateur a recueilli primitivement ses graines, serait donc la seule, où, suivant M. Jordan, l'*Ægilops speltæformis* aurait été rencontré. Or, dans cette même localité, que j'ai visitée, guidé par M. Fabre, je n'ai vu et récolté que la forme type de l'*Ægilops triticoïdes* de Requien; j'ai encore sous les yeux les échantillons que j'en ai rapportés et que M. Jordan a vus lui-même dans mon herbier.

Rien ne prouve donc que l'*Ægilops speltæformis* ait été rencontré sauvage dans le midi de la France et encore moins en Orient. Il eût été cependant rationnel de constater préalablement ce fait important, avant de nier les modifications que M. Fabre assure avoir obtenues par la culture de l'*Ægilops triticoïdes*. Mais M. Jordan part de principes métaphysiques, qu'il s'est créés sur l'espèce et qu'il a exposés longuement, dans les douze premières pages de son Mémoire sur l'origine des arbres fruitiers; or, s'il vient à rencontrer des faits en opposition avec ces mêmes principes, il nie ces faits systématiquement, comme il a soin de nous en prévenir lui-même, avec beaucoup de

---

(1) M. Jordan lui-même lui rend cette justice dans son *Mémoire sur l'origine des arbres fruitiers*, p. 75.

franchise, dans le passage suivant, qui offre trop d'intérêt pour ne pas être reproduit : « Il faut remarquer, dit M. Jordan, que, comme les lois des êtres ne peuvent être contraires à celles de la pensée, et que l'expérience ne donne jamais des résultats d'une valeur absolue, puisqu'elle est limitée dans son champ d'étude, s'il arrive que certains faits paraissent contredire les conceptions nécessaires et évidentes de la raison, *ils devront toujours être rejetés* » (1). On serait tout aussi bien en droit, ce nous semble, de conclure, quand les faits sont en désaccord avec les principes de M. Jordan, que sa métaphysique ne repose pas sur des bases bien solides ; elle ne le guide même pas d'une manière sûre, puisqu'il a aujourd'hui sur l'*Ægilops triticoïdes*, comme nous l'avons démontré plus haut et comme il l'avoue, du reste, une opinion qu'il combattait, il y a trois ans, et qu'il jugeait alors avec la plus grande sévérité. Nous ne le suivrons pas sur ce terrain ; des faits matériels sont seuls ici en cause.

Je ferai d'abord remarquer que les trois formes d'*Ægilops* hybrides, qui naissent spontanément dans le midi de la France, soit de l'*Ægilops ovata,* soit de l'*Ægilops triaristata;* que deux autres formes nouvelles obtenues par mes essais de fécondation artificielle, c'est-à-dire, cinq formes hybrides, présentent, malgré les différences qui les séparent, une analogie telle, qu'elles

(1) Mémoire cité, p. 12.

constituent un petit groupe très-naturel, ou, si l'on veut, une section de genre intermédiaire entre les *Ægilops* et les *Triticum*. Or, par son port, par la forme de son épi, par la carène des valves de la glume, par ses nervures, l'*Ægilops speltæformis* se rapporte exactement à cette section, et je ne connais aucun *Ægilops*, reconnu comme espèce légitime, qui vienne également s'y ranger. Est-il dès lors probable que cette plante ait réellement une origine différente des cinq autres?

Ce que j'ai dit des modifications successives que l'*Ægilops triticoïdes* a subies, entre les mains de M. Fabre, par une longue culture, je l'ai emprunté à son mémoire; les faits sont du reste appuyés de l'autorité de M. le professeur Dunal, qui possède de nombreux échantillons, provenant de diverses années des cultures opérées par M. Fabre. J'ajouterai que les échantillons des dernières années, quoique mûrs et liés en petites bottes, ne se fracturent pas sous l'épi; j'ai pu par moi-même vérifier ce fait. Or, il en est tout autrement de l'*Ægilops speltæformis*, que j'ai cultivé l'année dernière, que je cultive encore cette année et dont je dois les graines à l'obligeance de M. Decaisne. Ici les épis se séparent facilement de la tige à la maturité; c'est donc la forme décrite par M. Jordan. Il faut dès lors admettre que la plante des premières cultures de M. Fabre s'est modifiée, ou qu'il existe deux *Ægilops speltæformis;* car ce caractère tiré de la fragilité des épis, reconnu comme excellent pour distinguer l'*Agropyrum junceum* de ses congénères et que M. Jordan considère même comme caractère générique dans les *Ægilops* (1), doit être, à ses yeux, d'une valeur suffisante, pour créer encore une espèce nouvelle. Je ferai de plus observer que les nervures des valves de la glume ont diminué en nombre et que plusieurs se sont singulièrement affaiblies dans la plante cultivée pendant douze ans par M. Fabre, tandis que ces nervures sont restées nombreuses et assez saillantes dans les échantillons à épi cassant, et qui, vraisemblablement, sont plus voisins de l'état sauvage (2). Ce sont cependant là des modifications bien réelles, quoique M. Jordan n'admette pas qu'elles soient possibles.

J'ajouterai encore à l'appui des modifications que l'*Ægilops triticoïdes* a subies par la culture, qu'à l'état sauvage cette plante n'est pas d'une constance absolue et ce nouveau fait vient confirmer ce que les expérimentateurs ont tous observé, c'est que les hybrides sont loin d'avoir, dans leurs caractères, la fixité des espèces légitimes. Or, sur plusieurs échantillons d'*Ægilops triticoïdes* sauvages, que je possède en herbier, je vois, tantôt dans l'épillet inférieur seulement, tantôt dans plusieurs, que les valves

---

(1) *De l'origine des diverses variétés ou espèces d'arbres fruitiers*, p. 73.

(2) Nous ferons observer que ces deux modifications sont un nouveau pas fait vers le type paternel, ce qui est conforme à la doctrine généralement admise que les hybrides fertiles reviennent à l'un des deux types.

de la glume ont deux arêtes entre lesquelles la dent intermédiaire manque absolument ; elle reparaît sur les mêmes épis dans les épillets intermédiaires et dans les supérieurs elle se développe en une troisième arête souvent très-longue. Je retrouve aussi, sur quelques-uns de mes échantillons d'*Ægilops* obtenus par la fécondation artificielle, l'absence de cette dent intermédiaire sur l'épillet inférieur et dans un de ces échantillons tous les épillets, moins un, présentent cette particularité et de plus l'une des deux arêtes est réduite presque à rien. Or, ces épillets exceptionnels ne diffèrent pas sensiblement de ceux de l'*Ægilops speltæformis*, dans lequel la seconde arête reparait quelquefois, de l'aveu même de M. Jordan. Qu'y a-t-il d'étonnant, dès lors, que cette particularité devienne permanente, ou à peu près, sur l'*Ægilops speltæformis*, lorsqu'on sait que, dans les *Ægilops*, ce sont surtout les épillets inférieurs qui sont fertiles. Que devient donc ce caractère spécifique, reposant sur une dent ou une arête en plus ou en moins, pour distinguer comme espèce (et non comme forme ou comme passage), l'*Ægilops speltæformis* de l'*Ægilops triticoïdes*, depuis surtout que nous avons démontré que cette dernière plante est quelquefois fertile ?

En résumé, il me semble que l'origine hybride de l'*Ægilops triticoïdes* n'est pas contestable ; que l'*Ægilops speltæformis* n'est, comme le prouvent les observations faites par M. Fabre et les faits nouveaux indiqués dans ce travail, qu'une forme, distincte sans doute, mais qui a pour origine l'*Ægilops triticoïdes* modifié par la culture. La question reste donc au même point où je l'avais laissée dans mon précédent mémoire, et cela s'explique facilement. En s'occupant pour la seconde fois, et après trois années de silence, de la question de l'*Ægilops triticoïdes*, M. Jordan apporte-t-il quelque élément nouveau de nature à la modifier? A-t-il suivi la seule méthode, véritablement scientifique, celle de l'observation et de l'expérimentation, pour détruire ou affaiblir la valeur des faits produits dans la discussion? Nullement. Son mémoire sur l'*Ægilops triticoïdes* et celui sur l'origine des arbres fruitiers, se réduisent, en ce qui concerne la question qui nous occupe, à des considérations métaphysiques, à la négation pure et simple des faits observés par d'autres et à des doutes jetés sur leurs expériences. Cependant le dernier travail du savant botaniste de Lyon renferme deux choses nouvelles : 1° une description détaillée d'un *Ægilops*, déjà distingué comme forme par MM. Fabre et Dunal, mais non décrit ; 2° un mot, que je ne trouve pas dans le dictionnaire de l'Académie, celui d'hybridomane.

www.ingramcontent.com/pod-product-compliance
Ingram Content Group UK Ltd.
Pitfield, Milton Keynes, MK11 3LW, UK
UKHW012126240726
13965UKWH00005B/2008

9 782013 049009